DARSHINI K S
MARY N L

Eléctrodo De Supercondensador Híbrido Transparente

DARSHINI K S
MARY N L

Eléctrodo De Supercondensador Híbrido Transparente

Para Aplicações De Armazenamento De Energia Utilizando Nanocompósitos Poliméricos

SciênciaScripts

Imprint

Any brand names and product names mentioned in this book are subject to trademark, brand or patent protection and are trademarks or registered trademarks of their respective holders. The use of brand names, product names, common names, trade names, product descriptions etc. even without a particular marking in this work is in no way to be construed to mean that such names may be regarded as unrestricted in respect of trademark and brand protection legislation and could thus be used by anyone.

Cover image: www.ingimage.com

This book is a translation from the original published under ISBN 978-620-8-06523-2.

Publisher:
Sciencia Scripts
is a trademark of
Dodo Books Indian Ocean Ltd. and OmniScriptum S.R.L publishing group

120 High Road, East Finchley, London, N2 9ED, United Kingdom
Str. Armeneasca 28/1, office 1, Chisinau MD-2012, Republic of Moldova, Europe
Printed at: see last page
ISBN: 978-620-8-14402-9

ELÉCTRODO DE SUPERCAPACITOR HÍBRIDO TRANSPARENTE PARA APLICAÇÕES DE ARMAZENAMENTO DE ENERGIA UTILIZANDO NANOCOMPÓSITOS POLIMÉRICOS

DARSHINI K. S.,[1] MARY N. L.[1]

DEPARTAMENTO DE QUÍMICA, STELLA MARIS COLLEGE (AUTÓNOMO), UNIVERSIDADE DE MADRAS, CHENNAI-600 086, TAMIL NADU, ÍNDIA

ÍNDICE

CAPÍTULO 1
INTRODUÇÃO

1 INTRODUÇÃO

1.1 POLÍMERO

Um polímero é uma substância composta por moléculas que têm longas sequências de uma ou mais espécies de átomos ou grupos de átomos ligados entre si por ligações covalentes. [1] São formados pela ligação de moléculas de monómeros através de reacções químicas no processo de polimerização.[2] Os polímeros podem ser classificados como termoplásticos, termoendurecíveis e elastómeros. Muitas propriedades apelativas, como a leveza, a não corrosão, a resistência mecânica e as propriedades dieléctricas do polímero, podem ser aplicadas juntamente com as propriedades ópticas e magnéticas das nanopartículas para fabricar materiais multifuncionais.[3] Os polímeros com impressão molecular são receptores sintéticos para moléculas específicas.[4] A síntese de polímeros estruturais únicos, como os polímeros multi-ramos, tornou-se relativamente fácil através da polimerização por radicais vivos. Estes polímeros multi-ramos apresentam propriedades físicas únicas quando comparados com polímeros lineares devido a diferentes viscosidades de solução e comportamentos de cristalização baseados no emaranhamento de macromoléculas. Os polímeros biodegradáveis são úteis como implantes em animais para a regeneração de células e tecidos, como o osso[5] e as células nervosas, e para a entrega de substâncias biologicamente activas aos órgãos. Os polímeros são utilizados no domínio da eletrónica devido às suas propriedades de leveza e elevada flexibilidade. A utilização de polímeros como material ativo, como os díodos emissores de luz de polímeros designados por PLED, as células fotovoltaicas, os sensores, as células solares e os transístores de efeito de

3

campo.[6] Os polímeros podem ser utilizados em supercapacitores sob a forma de substratos, matrizes ou materiais activos. Os novos polímeros, como os copolímeros, apresentam propriedades electroquímicas melhoradas. Por conseguinte, os materiais poliméricos podem ser utilizados na síntese de supercapacitores flexíveis com propriedades específicas para as funções desejadas. [7]

1.2 NANOPARTICULAS

As nanopartículas são materiais infinitesimais que se situam na gama de 10-100nm. [8]Podem ser diferenciadas com base na sua morfologia. Têm propriedades físicas e químicas únicas, tais como uma elevada área de superfície e um tamanho à escala nanométrica.[9] Uma alteração nas propriedades fundamentais do tamanho das partículas é designada por "efeito de tamanho" num sentido mais restrito. A sua reatividade, tenacidade e outras propriedades alteram-se em função do seu tamanho, forma e estrutura. As nanopartículas de metais de transição foram amplamente utilizadas como catalisadores heterogéneos e geraram receitas impressionantes para as empresas petroquímicas.[10] As nanopartículas magnéticas são estudadas ativamente para ressonância magnética, terapia e armazenamento de dados magnéticos. As nanopartículas sintetizadas podem ser utilizadas em várias transformações químicas pós-sintéticas.[11] As super-redes de nanopartículas auto-montadas são frequentemente utilizadas como componente ativo de dispositivos electrónicos e optoelectrónicos de película fina, incluindo díodos emissores de luz, fotodetectores, transístores, células solares, etc.

1.3 SÍNTESE DE NANOPARTÍCULAS

As nanopartículas podem ser sintetizadas por dois métodos, ou seja, síntese top-down e síntese bottom-up.

1.3.1 SÍNTESE DESCENDENTE

Uma síntese descendente é uma abordagem destrutiva que envolve a decomposição de moléculas maiores em moléculas mais pequenas. A deposição química de vapor e a deposição física de vapor são exemplos de síntese descendente. Esta técnica é utilizada para sintetizar partículas esféricas de carbono coloidal com tamanhos controlados.

Deposição química em fase vapor (CVD)

A CVD é uma técnica através da qual materiais sólidos são depositados como vapor por reacções químicas na superfície do substrato. O processo pode ser efectuado principalmente por métodos térmicos, fotográficos e assistidos por plasma. [12] Podem ser preparadas películas finas através desta técnica. A caraterística principal desta técnica é o seu excelente poder de projeção, permitindo a produção de revestimentos de espessura e propriedades uniformes com uma baixa porosidade, mesmo em substratos de formas complicadas. A caraterística notável é a capacidade de deposição localizada ou selectiva em substratos modelados.

Deposição Física de Vapor (PVD)

A deposição física de vapor é uma técnica através da qual o material da fase condensada passa para a fase de vapor e depois para a fase de película fina condensada. Este processo é efectuado por evaporação e condensação.[13] São utilizados para preparar películas finas e revestimentos de superfície. As vantagens desta técnica são o facto de ter propriedades melhoradas em comparação com o material de substrato. Todos os tipos de materiais inorgânicos e alguns materiais orgânicos podem ser utilizados para a síntese.

1.3.2 SÍNTESE ASCENDENTE

Bottom-up é um processo pelo qual unidades mais pequenas (átomo a átomo ou molécula a molécula) são acumuladas em unidades maiores com a ajuda de forças físicas. Este processo é também designado por processo de acumulação. A síntese sol-gel, a síntese verde, a electrospinning e a redução química são exemplos de síntese ascendente.

Método Sol-Gel

Um sol é formado pela preparação de uma solução homogeneamente misturada e convertida num gel por processo de policondensação e aquecida para obter o material desejado. As vantagens do processo sol-gel são o baixo custo de processamento, a eficiência energética, a elevada taxa de produção e a rápida produtividade do pó fino homogéneo.[14] Nanopartículas cristalinas ou filmes finos e materiais não cristalinos como cerâmicas, xerossóis, aerossóis e vidros podem ser sintetizados utilizando esta técnica. A forma desejada das nanoestruturas de óxido metálico (MO), como nanoesferas, nanobastões, nanoflocos, nanotubos, nanofitas, nanoesferas e nanofibras, pode ser sintetizada para aplicações dependentes da forma e acessibilidade comparativa.

Electrospinning

As nanofibras podem ser fabricadas através de um jato eletricamente carregado de uma solução de polímero ou de um polímero fundido. Este processo consiste numa pipeta para conter a solução de polímero, dois eléctrodos e uma tensão contínua. A gota de polímero da ponta da pipeta é puxada para a fibra devido à alta tensão.[15] O jato estava carregado eletricamente e a carga fazia com que a fibra se dobrasse de tal forma que, de cada vez que a fibra de polímero dava uma volta, o seu diâmetro era reduzido. Nesse método, nanofibras podem ser preparadas, o que pode fabricar fibras ultrafinas que variam de micrômetros a 100 nm ou menos de diâmetro.

Síntese Verde

Em comparação com a síntese convencional, as pessoas estão a optar pela síntese ecológica devido a problemas relacionados com o ambiente.[17] Este método permite uma produção mais rápida de nanopartículas metálicas, proporcionando uma abordagem ecológica, simples, económica e reprodutível.[18] Os componentes biológicos sintetizados a partir deste método podem ser utilizados como agentes redutores e agentes de cobertura e, por conseguinte, são rentáveis.[19]

Redução química

A técnica de redução química envolve a redução de sais metálicos em vários solventes e agentes redutores apropriados. O tamanho, a forma e a distribuição do tamanho das partículas dependem fortemente da natureza do agente redutor. A adição de um agente redutor à mistura de reação provoca a redução do precursor metálico. Se a taxa de reação for demasiado rápida, ocorrerá a formação rápida de uma grande quantidade de núcleos metálicos, resultando em partículas demasiado pequenas. Por outro lado, a aglomeração de partículas ocorrerá se a velocidade de reação for demasiado lenta.[20]

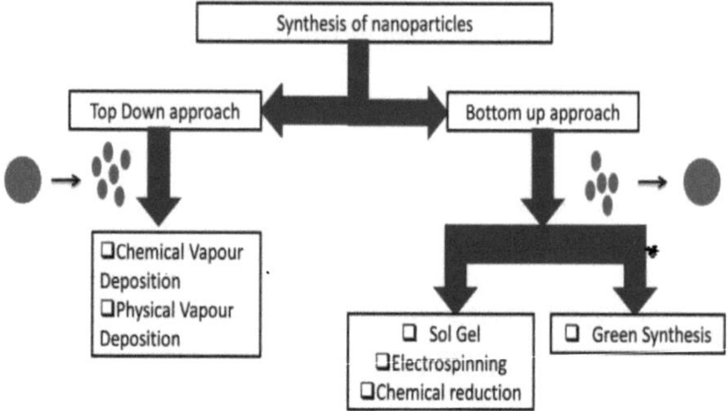

Figura 1.1 Classificação da síntese de nanopartículas

1.4 NANOCOMPOSITES

O nanocompósito é um material sólido multifásico em que uma das fases tem uma, duas ou três dimensões inferiores a 100 nanómetros (nm) com propriedades físicas ou químicas significativamente diferentes. Os compósitos têm as propriedades tanto da matriz como do reforço, mas as suas propriedades são distintas das dos seus materiais de base. Os nanocompósitos podem ser classificados como nanocompósitos de matriz cerâmica, nanocompósitos de matriz metálica e nanocompósitos de matriz polimérica, consoante o tipo de matriz.[21]

1.5 NANOCOMPÓSITOS POLIMÉRICOS

Os nanocompósitos poliméricos têm nanopartículas com elevada área superficial dispersas numa matriz polimérica.[22] A morfologia e as caraterísticas interfaciais de um nanocompósito polimérico determinam as suas propriedades e também as propriedades dos seus componentes individuais. O objetivo da produção de nanocompósitos poliméricos é afetar as propriedades multifuncionais. Os pós ou filmes nano inorgânicos ou orgânicos com propriedades físicas especiais são combinados com polímeros para formar nanocompósitos poliméricos.[23]

Quando estas nanopartículas são incorporadas numa matriz polimérica, as suas propriedades, como a força e o módulo, a resistência química e térmica, as propriedades de barreira, o retardamento da chama, etc., podem ser melhoradas. Os nanocompósitos poliméricos são formados pela adição de nanopartículas 1D, 2D ou 3D à matriz polimérica.[24] Três caraterísticas importantes que determinam a atividade dos nanocompósitos de polímeros são o confinamento nanoscópico das cadeias de polímeros da matriz, os constituintes inorgânicos à escala nanométrica e a sua disposição, e a criação de uma grande área interfacial polímero/partícula.[25]

Aplicações de nanocompósitos de polímeros

Os nanocompósitos de polímeros são utilizados em potenciais aplicações, tais como díodos emissores de luz, células solares fotovoltaicas, supercapacitores, condutores imprimíveis, transístores de efeito de campo, blindagem contra interferências electromagnéticas, revestimentos condutores transparentes, actuadores electromecânicos e sensores de gás. Podem ser preparados a partir de métodos sintéticos quimicamente orientados, como a litografia suave, a laminação, o revestimento por rotação ou a fundição em solução. Sensores químicos, dispositivos electroluminescentes, electrocatálise, janelas inteligentes e dispositivos de memória são fabricados utilizando estes nanocompósitos.[26] Os PNC actuam como materiais de elétrodo para supercapacitores de alto desempenho com elevada capacitância eletroquímica, caraterísticas de carga/descarga rápida com durabilidade suficiente.

1.6 COPOLÍMERO DE ANIDRIDO MALEICO DE ESTIRENO (SMA)

O SMA é formado pela copolimerização de unidades monoméricas de estireno e anidrido maleico. O ácido estireno maleico é a forma hidrolisada do anidrido estireno maleico.

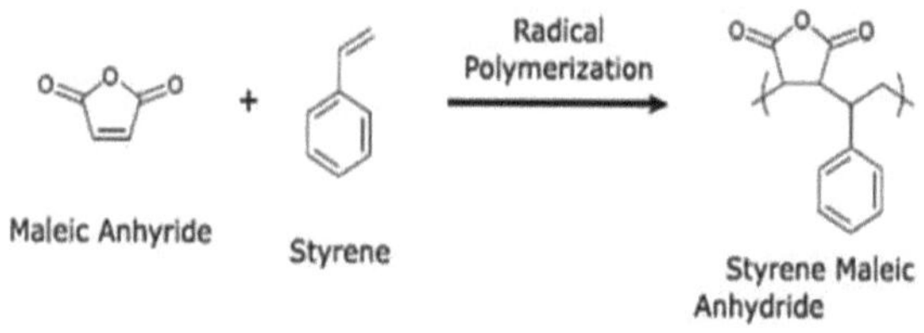

Figura 1.2: Síntese do anidrido maleico de estireno

O anidrido maleico não pode sofrer homopolimerização, mas pode formar copolímeros com outros monómeros.[27] O SMA tem dois grupos funcionais, o oxigénio carbonilo (-C=O) e o oxigénio éter (-O-).[28] Pode ser convenientemente utilizado como intermediário na síntese de polímeros funcionais, uma vez que contém agentes activos, como o grupo anidrido, que podem ser ligados a outros reagentes através de reacções de abertura de anel.[29] No SMA, as unidades de anidrido maleico são altamente reactivas à reação de adição nucleofílica por vários compostos de amina. As estruturas moleculares e segmentares podem ser modificadas com materiais orgânicos ou inorgânicos. Este copolímero sofre uma auto-emulsificação após a adição de nucleófilos para introduzir grupos funcionais específicos na cadeia polimérica.[30]

A SMA é utilizada como agente de dispersão para formulações de tintas e revestimentos. Estas resinas também são utilizadas em várias aplicações, como colagem de papel, revestimento em pó, dispersões de pigmentos, tintas, curtimento de couro, vernizes de sobreimpressão, fabrico e processamento de microeletrónica, produtos de limpeza de tapetes/têxteis e produtos para tratamento de pavimentos.[31] São notáveis pela sua elevada funcionalidade, elevadas propriedades térmicas e baixa viscosidade.[32] O SMA é utilizado como intermediário químico na produção de polímeros especiais, como tensioactivos poliméricos em aplicações de dispersão e emulsificação e como agentes de reticulação de elevada funcionalidade.[33] O SMA é utilizado em várias aplicações biomédicas devido à sua natureza compatível.

1.7 DIMETIL DIFENILMETANO (DDM)

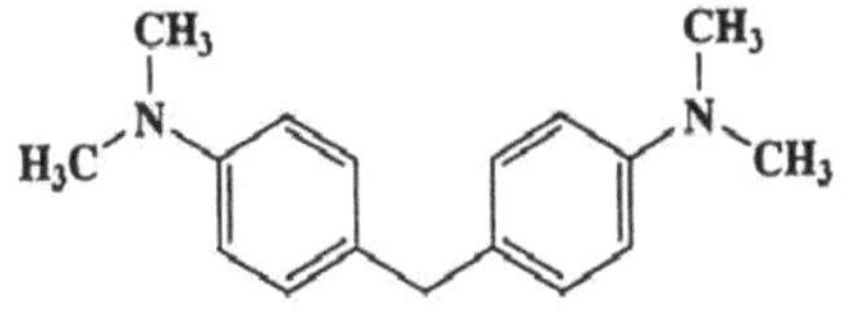

Figura 1.3 Estrutura do dimetil difenil metano

Uma série homóloga de difenilmetano quaternário de amónio é sintetizada através da clorometilação do difenilmetano seguida de quaternização utilizando aminas terciárias de diferentes comprimentos de cadeia. O DDM pode ser sintetizado utilizando bis(clorometilmercúrio) e O- toluidina. Também pode ser preparado através da reação de N-(metoximetil)-2-metilanilina com cloridrato de 2- metilanilina. Este derivado difenílico tem propriedades físicas e de agregação únicas. Estes tipos de derivados aromáticos são amplamente utilizados nas indústrias de semicondutores e de embalagens electrónicas devido à sua excelente estabilidade térmica, boas propriedades de isolamento com baixa constante dieléctrica, boa adesão a substratos comuns e estabilidade química superior.[34]

1.8 NANOPARTICULOS DE ÓXIDO DE GRAFENO (GONPs)

Um ramo específico da investigação sobre o grafeno é o óxido de grafeno (GO). Este pode ser considerado como um precursor para a síntese de grafeno através de processos de redução química ou térmica.[35] O GO é constituído por uma única camada de óxido de grafite e é normalmente produzido pelo tratamento químico da grafite através da oxidação. A estrutura do GO é frequentemente considerada, de forma simplista, como sendo uma folha de grafeno ligada ao oxigénio sob a forma de grupos carboxilo, hidroxilo ou epóxi.[36] O óxido de grafeno é um material com elevada transmitância ótica (~97,7%), boa condutividade térmica (~5000 Wm K^{-1-1}), elevada área de superfície teórica (2630 m2 g^{-1}), elevado módulo de Young (~1,0 T Pa), elevada mobilidade intrínseca (200.000 cm^2 v^{-1} s^{-1}) e boa condutividade eléctrica.[37] Os GONPs mostraram um grande potencial quando incorporados em materiais poliméricos para desenvolver uma classe estável, eficiente e multifuncional de nanocompósitos poliméricos para várias aplicações de purificação de água. Este método tem várias vantagens, tais como uma maior capacidade de adsorção, uma maior seletividade dos contaminantes e um maior potencial para o fabrico em grande escala. Os GONP são também utilizados como sistemas de administração de medicamentos no domínio das ciências biomédicas. O óxido de grafeno tem muitas aplicações eléctricas no domínio da eletrónica, da catálise e do armazenamento de energia, devido à sua elevada mobilidade dos portadores de carga e à sua elevada área de superfície específica.[38] São utilizados em eléctrodos condutores transparentes e em supercapacitores. Os compósitos à base de grafeno, em particular, têm atraído recentemente muita atenção devido à sua potencial aplicação em dispositivos de armazenamento de energia, como baterias e supercapacitores.[39]

1.9 NANOPARTICULAS DE ÓXIDO DE ZINCO (ZnONPs)

O óxido de zinco é um material inorgânico cristalino com baixa toxicidade. As nanopartículas de ZnO têm várias aplicações devido ao seu baixo custo e à sua abundância na natureza. Apresenta também propriedades ópticas, mecânicas e eléctricas exemplares, comportamento piezoelétrico e elevada estabilidade em atmosfera de plasma de hidrogénio.[40] É utilizado em lubrificantes, vedantes, cerâmicas, tintas, retardadores de fogo, pomadas, adesivos, baterias, pomadas e fitas de primeiros socorros. É utilizado em produtos como champôs anti-caspa, pó de bebé, creme de calamina, cremes de barreira para tratar assaduras e pomadas anti-sépticas.[41] ZnONPs na indústria da borracha para reabastecer a resistência ao desgaste do compósito de borracha, e melhorar o desempenho do polímero elevado na sua dureza, intensidade e anti-envelhecimento.[42] As ZnONPs têm aplicações significativas em eléctrodos transparentes, semicondutores, dispositivos ópticos, dispositivos de ondas acústicas de superfície, sensores, dispositivos piezoeléctricos, células solares, agentes antibacterianos, proteção ambiental, nanogeradores, fotocatalisadores, fotodetectores,etc. [43-46]

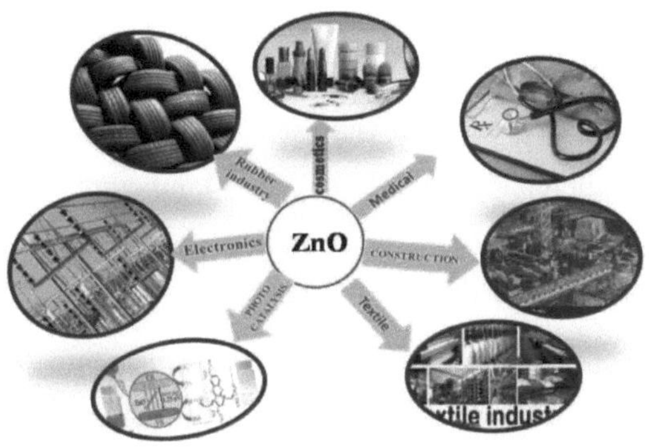

Figura 1.4: Aplicações das nanopartículas de ZnO

1.10 NANOCOMPOSITES DE ÓXIDO DE GRAFENO / ÓXIDO DE ZINCO (GO/ZnO)

Os compósitos GO/ZnO têm mostrado potenciais aplicações nas áreas da ótica, eletrónica, catalisadores e sensores. As folhas de GO previnem efetivamente a agregação de nanopartículas de ZnO sem a utilização de agentes de cobertura adicionais.[47] Como resultado, o nanocompósito GO/ZnO é benéfico para aplicações em engenharia ambiental. A montagem das nanopartículas de ZnO em grandes folhas de GO pode aumentar notavelmente a sua atividade fotocatalítica na degradação de corantes, tanto sob irradiação de luz UV como de luz visível. Os compósitos de GO/ZnO foram utilizados para fabricar eléctrodos de supercapacitores para investigar as suas propriedades electroquímicas e os resultados revelaram que os materiais nanocompósitos apresentavam um bom desempenho eletroquímico com uma elevada capacitância específica.[48]

1.11 NANOCOMPÓSITOS EM DISPOSITIVOS DE ARMAZENAMENTO DE ENERGIA

Os supercondensadores ganharam muita atenção devido às suas caraterísticas únicas, como a elevada potência, o ciclo de vida longo e a natureza amiga do ambiente. Os supercondensadores são também conhecidos como ultracapacitores ou condensadores electroquímicos e têm muitas vantagens quando comparados com as baterias.[49] Os supercapacitores são considerados um dos dispositivos electroquímicos de armazenamento de energia mais promissores, com potencial para complementar ou eventualmente substituir as baterias em aplicações de armazenamento de energia. Podem ser utilizados em aparelhos electrónicos portáteis e de vestir, em veículos eléctricos e híbridos. Em termos gerais, são classificados em duas categorias com base no mecanismo de armazenamento de energia: condensadores eléctricos de dupla camada (EDLC) e pseudocapacitores. Os pseudocapacitores armazenam a carga de forma faradáica, o que lhes permite obter propriedades capacitivas mais elevadas e densidades de energia mais elevadas do que os EDLC (transferência de carga não faradáica). [50] Estes dois podem ser combinados para o fabrico de um condensador híbrido (ou) assimétrico. O condensador híbrido é submetido a processos faradaicos e não faradaicos. Verificou-se que a combinação de material de carbono com polímero/óxido misto ou ambos resultará numa maior capacitância específica devido à combinação da reação redox do óxido metálico e da elevada área de superfície/condutividade do óxido de grafeno quando comparada com os seus componentes individuais devido ao efeito sinérgico.

1.12 ÂMBITO DO LIVRO

Nas últimas duas décadas, os nanocompósitos de polímeros tornaram-se uma área de investigação muito popular na ciência e engenharia de materiais. De um modo geral, a integração de nanomateriais em matrizes poliméricas tem um impacto sinérgico, resultando em melhorias nas caraterísticas mecânicas, térmicas e eléctricas dos elementos individuais dos compósitos, que normalmente apresentam caraterísticas novas. Este livro trata da síntese de anidrido maleico de poliestireno com copolímero de dimetil difenilmetano e da modificação do mesmo com nanopartículas de óxido de grafeno/óxido de zinco. Foi efectuada a caraterização dos polímeros modificados para garantir a incorporação dos respectivos grupos funcionais na matriz polimérica. As aplicações electroquímicas do nanocompósito polimérico foram investigadas para determinar o seu comportamento capacitivo. O resultado mostra boas propriedades de capacitância que abrem uma nova arena para dispositivos de armazenamento de energia.

CAPÍTULO 2
MÉTODOS EXPERIMENTAIS

2 MÉTODOS EXPERIMENTAIS

2.1 Materiais

O pó de grafite, o nitrato de sódio, o permanganato de potássio, o peróxido de hidrogénio, o hidróxido de sódio, o hidróxido de potássio, o nitrato de zinco, o ácido cítrico, o anidrido maleico de estireno, o dimetil difenilmetano e o DMAc foram adquiridos à Sigma Aldrich. Todos os materiais foram utilizados tal como recebidos, sem qualquer purificação adicional. Os compósitos foram preparados utilizando água desionizada.

2.2 Preparação de óxido de grafeno pelo método de Hummer (GO)

A grafite e o $NaNO_3$ foram colocados na proporção de 1:1 num copo contendo uma certa quantidade de H_2SO_4 a 98 wt% e foi agitada durante 2 horas a 15 °C até se obter uma suspensão.[51] O $KMnO_4$, que actua como agente de oxidação, foi gradualmente adicionado à suspensão com agitação contínua. O $KMnO_4$ e a grafite são utilizados numa proporção de 3:1. O processo foi mantido a uma temperatura baixa (inferior a 20 °C) durante 2 horas com agitação contínua. A temperatura da mistura foi então mantida a 35° C durante 48 horas com agitação constante após a dissolução do $KMnO_4$. Adicionou-se lentamente água desionizada à mistura e a temperatura foi mantida a 60 °C. Após evaporação completa do solvente, obtém-se o óxido de grafeno.

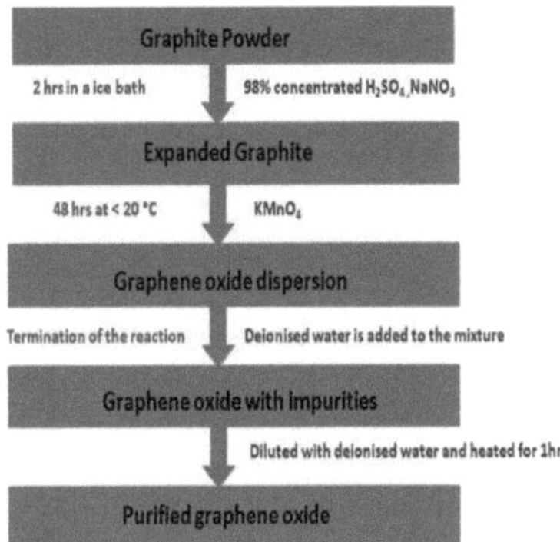

Esquema 1: Representação esquemática da preparação de nanopartículas de óxido de grafeno pelo método de Hummer

2.3 Preparação de nanocompósitos de óxido de grafeno/óxido de zinco (GO/ZnO)

O óxido de grafeno foi disperso em água por ultra-sons. O Zn(NO3)2 e o ácido cítrico foram tomados numa proporção de 1:2 e dissolvidos em água. As duas soluções acima referidas são dispersas de forma homogénea. A mistura reacional foi mantida sob agitação durante 12 horas a 60 °C. O GO/ZnO é lavado várias vezes com água desionizada e centrifugado. O resíduo foi recolhido e seco para evaporar os vestígios de solvente. O compósito obtido foi armazenado num exsicador.

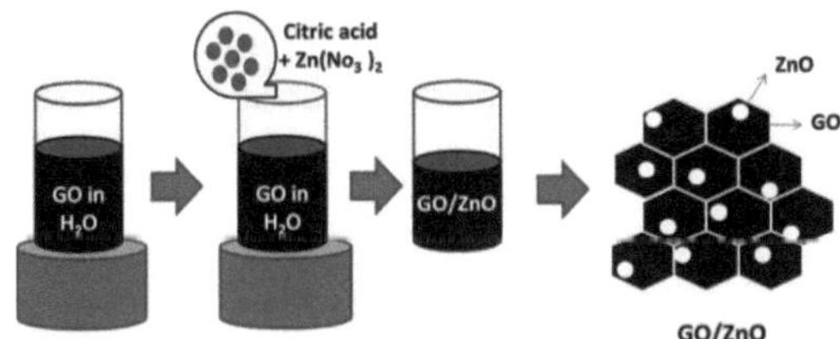

Esquema 2: Representação esquemática da preparação de nanopartículas GO/ZnO

2.4 Preparação do copolímero de anidrido maleico de estireno e dimetil difenil metano (SD)

O anidrido maleico de estireno (SMA) e o dimetil difenilmetano (DDM) foram dissolvidos na proporção de 2:1 no solvente, dimetil acetamida (DMAc). A mistura foi mantida num banho de óleo a 160° C durante duas horas e depois deixada arrefecer à temperatura ambiente. O copolímero obtido foi armazenado num exsicador.[52]

2.5 Preparação de nanocompósitos de polímero de óxido de estireno maleico anidrido dimetil difenil metano e óxido de zinco (SDGO/ZnO)

O SMA e o DDM foram dissolvidos em DMAc e a solução foi agitada durante 1h. A agitação foi continuada durante 3 horas após a adição do nanocompósito GO/ZnO à solução. A mistura de reação foi mantida num banho de óleo durante 2 horas a 160 °C. Após a evaporação completa do solvente, obtém-se SDGO/ZnO. O produto foi pulverizado para obter pós finos de SDGO/ZnO.

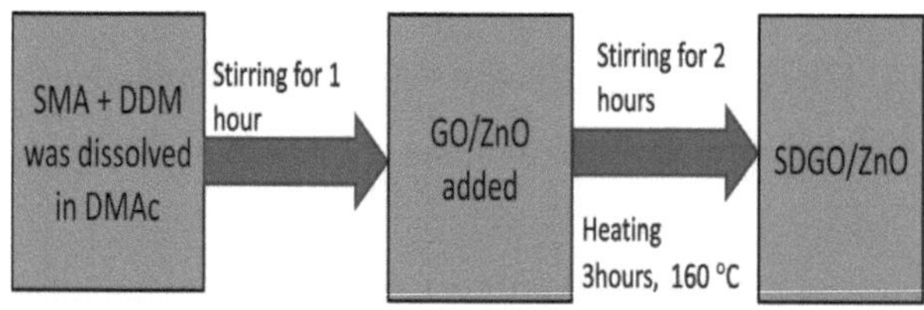

Esquema 3: Representação esquemática da preparação do nanocompósito de polímero SDGO/ZnO

2.6

TÉCNICAS DE CARACTERIZAÇÃO:

ESPECTROSCOPIA ULTRAVIOLETA-VISÍVEL (UV)

A absorvância ótica foi registada com o espetrofotómetro JASCO V-750. Este instrumento é do tipo duplo feixe e utiliza um único monocromador. Está equipado com duas fontes de luz - uma lâmpada de deutério (190 a 350 nm) e uma lâmpada de halogéneo (330 a 900 nm). Com uma vasta gama de acessórios de amostragem, o espetrofotómetro UV-visível V-750 é adequado para a medição de amostras sólidas nas regiões UV e visível. Está também equipado com controlo de temperatura para amostras biológicas e foram utilizados vários acessórios de transmitância e reflectância para análise de materiais. A absorvância das amostras sólidas foi medida à temperatura ambiente. A absorção de metais pesados pelos nanocompósitos de polímeros foi monitorizada utilizando o espetrómetro UV-visível. A experiência foi efectuada à temperatura ambiente. As soluções foram colocadas numa cuvete de Quartzo de 1 cm para análise. Nesta região do espetro eletromagnético, as moléculas sofrem transições electrónicas.

ESPECTROSCOPIA DE INFRAVERMELHOS COM TRANSFORMADA DE FOURIER (FTIR)

A espetroscopia de infravermelhos pode ser utilizada para identificar os grupos funcionais presentes nas moléculas. A radiação infravermelha (IR) é uma radiação electromagnética. As ligações nas moléculas, quando sujeitas à radiação IR, só começam a vibrar se a vibração natural da molécula corresponder à frequência do fornecimento de energia. Foi utilizado o espetrómetro Bruker FTIR modelo alpha-T na gama de frequências de 400-4000 cm^{-1} . A amostra em pó é utilizada para análise.

ESPECTROSCOPIA RAMÂNICA DE TRANSFORMAÇÃO DE FOURIER (FT-Raman)

A espetroscopia Raman permite estudar as interações das energias vibracionais e rotacionais de átomos ou grupos de átomos em moléculas. O espetro Raman completo é um padrão emitido de deslocações de frequência em torno de um comprimento de onda de excitação central, normalmente um laser. O padrão de "difração" da energia de excitação é o resultado de vibrações moleculares que causam uma alteração no momento de dipolo induzido, ou polarizabilidade, da molécula. Para a análise, foi utilizado o espetrómetro Bruker RFS 27 FT-Raman, com uma velocidade de varrimento de 50-4000 cm^{-1} e uma resolução de 2 cm^{-1} . Podem ser utilizadas amostras líquidas e sólidas para a deteção.

DIFRACÇÃO DE RAIOS X (XRD)

A difração de raios X é uma técnica analítica que revela informações sobre a estrutura cristalina, a composição química e as propriedades físicas dos nanocompósitos de polímeros. Estas técnicas baseiam-se na observação da intensidade de dispersão de um feixe de raios X que atinge uma amostra em função do ângulo de incidência e de dispersão, da polarização e do comprimento de onda ou energia. A intensidade dos raios difractados depende da disposição e da natureza dos átomos no cristal. Este conjunto de intensidades fornece a informação estrutural dos nanocompósitos de polímeros.

MICROSCOPIA ELECTRÓNICA DE VARRIMENTO (SEM)

O Microscópio Eletrónico de Varrimento de Alta Resolução (HR-SEM) envolve três modos de funcionamento, tais como o modo de alto vácuo (HV) para amostras metálicas (condutoras de eletricidade), o modo de baixo vácuo (LV) e o modo de microscópio eletrónico de varrimento ambiental (ESEM) para amostras isolantes, cerâmicas, poliméricas (isolantes de eletricidade) e biológicas. A morfologia do nanocompósito polimérico preparado foi caracterizada utilizando a Microscopia Eletrónica de Varrimento de Alta Resolução FEI Quanta FEG 200.

ESTAÇÃO DE TRABALHO ELECTROQUÍMICA

A estação de trabalho eletroquímica CHI 608 E foi utilizada para estudos electroquímicos de várias amostras, utilizando Ag/AgCl, carbono vítreo e fio de platina como elétrodo de referência, de trabalho e contra elétrodo, respetivamente, num sistema de três eléctrodos. Os estudos de voltametria cíclica foram efectuados em solução de KCl 0,5 M com velocidades de varrimento que variaram entre 5 e 100 mVs^{-1}. As medições de descarga de carga foram efectuadas na janela de potencial de - 0,4 a 0,8 V com diferentes densidades de corrente.

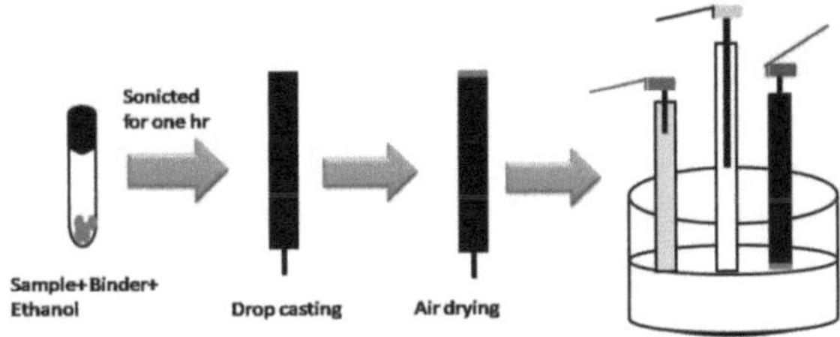

Esquema 4: Representação esquemática da preparação dos eléctrodos do supercondensador

Voltametria cíclica (CV)

A voltametria cíclica é a técnica eletroquímica mais utilizada para a aquisição de informações qualitativas sobre reacções electroquímicas. A importância da voltametria cíclica reside na sua capacidade de fornecer rapidamente informações consideráveis sobre a termodinâmica dos processos redox, a cinética das reacções heterogéneas de transferência de electrões e as reacções químicas acopladas ou os processos de adsorção. Numa experiência de voltametria cíclica, um componente de uma solução é electrolisado (oxidado ou reduzido) colocando a solução em contacto com uma superfície de elétrodo e impondo depois um potencial suficientemente positivo ou negativo nessa superfície, utilizando uma forma de onda de potencial triangular para forçar a transferência de electrões.

Cronopotenciometria (CP)

Na Cronopotenciometria (CP), podem ser controlados dois níveis de corrente para passar pelo elétrodo de trabalho. A mudança de polaridade da corrente pode ser controlada pelo tempo ou pelo potencial. O potencial é registado em função do tempo. Numa técnica eletroquímica em que uma corrente controlada, geralmente uma corrente constante, é feita fluir entre dois eléctrodos, o potencial de um elétrodo é monitorizado em função do tempo em relação a um elétrodo de referência adequado.[53] A solução é geralmente, mas não necessariamente, não agitada e contém um excesso de um eletrólito de suporte, de modo que a difusão é o principal mecanismo de transporte de massa.

A capacitância específica do material eletrolítico foi determinada a partir das curvas de carga-descarga utilizando a equação:

$$C_{sp} = \frac{i\Delta t}{m\Delta V}$$

Onde m é a massa de carga em g, Csp é a capacitância específica em F g^{-1} , I é a corrente de descarga em A, ΔV é a variação de tensão (V), e Δt é o tempo de descarga em s dos materiais do elétrodo durante o processo de descarga.

A densidade de energia do condensador foi estimada através desta equação:

$$E = \frac{c\Delta v^2}{2*3.6}$$

A densidade de potência do condensador foi estimada através desta equação:

$$P = \frac{E \times 3600}{\Delta t}$$

CAPÍTULO 3

RESULTADOS E DISCUSSÃO

3 RESULTADOS E DISCUSSÃO

As nanopartículas de óxido misto preparadas e os seus nanocompósitos poliméricos foram estudados utilizando espetroscopia de absorção UV-visível, espetroscopia de infravermelhos com transformada de Fourier, espetroscopia Raman, difração de raios X e estudos de microscopia eletrónica de varrimento.

3.1 ESPECTROSCOPIA DE ABSORÇÃO UV-VISÍVEL

A espetroscopia de absorção no UV-visível é amplamente utilizada para examinar as propriedades ópticas de partículas nanométricas. A Figura 3.1(a) mostra os espectros de absorção no UV-visível de GO/ZnO e SDGO/ZnO. O GO apresenta um pico de absorção largo e forte na gama de 225 nm, que se deve à transição π- π^*, e um pico secundário a 271 nm, que pode ser atribuído à transição n- π^*.[48] O ZnO apresenta um pico caraterístico a 350-400 nm. Com a incorporação de nanopartículas de óxido misto na matriz polimérica, o intervalo de banda é inferior ao do óxido misto. Também se observam picos de absorção para ZnO e GO nos espectros de absorção de SDGO/ZnO. Isto indica que o óxido misto foi incorporado eficientemente na matriz polimérica. A Figura 3.1 (b) mostra uma banda de absorção a 275-400 nm que pode ser atribuída à transição π-π^* do SD.

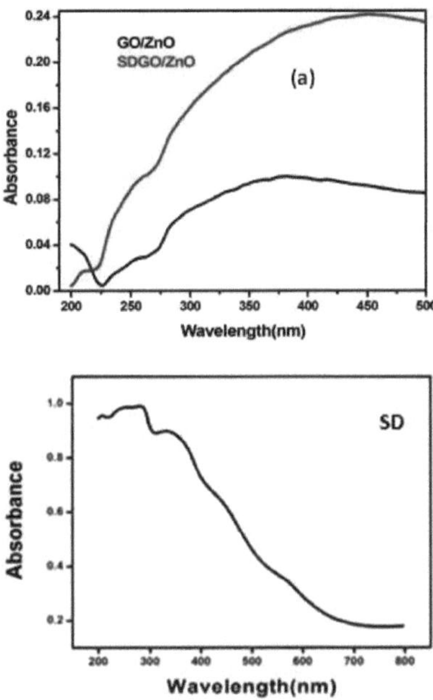

Figura 3.1: Espectro UV-Visível de a) GO/ZnO e SDGO/ZnO b) SD

O gráfico Tauc é utilizado para confirmar o intervalo de banda do polímero puro e do seu nanocompósito. Verifica-se uma redução do intervalo de banda com a adição de nanopartículas de GO/ZnO ao copolímero modificado de 2,5 eV para 1,7 eV, o que pode ser atribuído à incorporação de nanopartículas de GO/ZnO. A adição de nanopartículas de GO/ZnO facilita a mobilidade dos electrões na matriz e os electrões podem passar facilmente da banda de valência para a banda de condução, aumentando a condutividade.

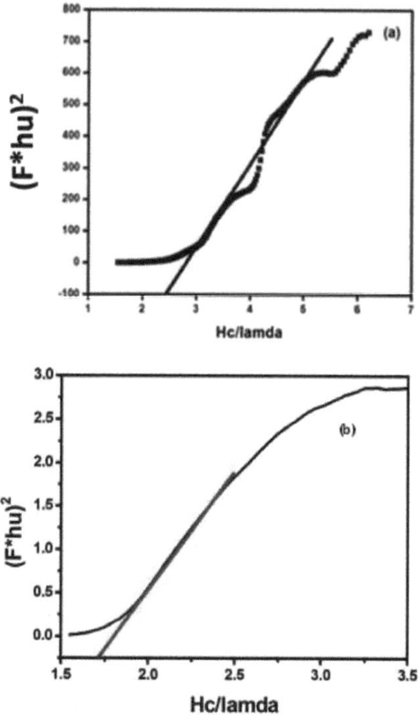

Figura 3.2: Gráfico de Tauc de (a) SD e (b) SDGO/ZnO

3.2 ESPECTROSCOPIA DE INFRAVERMELHOS COM TRANSFORMADA DE FOURIER

A Figura 3.3 representa os espectros FTIR de SD, GO/ZnO e SDGO/ZnO. O espetro mostra uma banda de absorção a 1770 cm^{-1} que se deve ao estiramento simétrico C=O do grupo imida do copolímero SD. O alongamento assimétrico do anel imida aromático pode ser observado a 1720 cm^{1}. A banda de absorção a 762 cm^{-1} representa a vibração de flexão C=O da imida aromática e 1366 cm^{-1} indica o estiramento C-N da imida, o que significa a formação dos anéis de imida. A frequência a 1600 cm^{-1} corresponde ao estiramento simétrico C=O do grupo anidrido. O copolímero é constituído por um grupo amina livre que é indicado pela banda de absorção a 3031 cm^{-1} . A banda de absorção a 1585 e 480-500 cm^{-1} indica a vibração esquelética das folhas de grafeno e a vibração de estiramento do ZnO.[48] Assim, estes resultados indicam a formação de ZnO na matriz de grafeno. Os grupos funcionais de oxigénio do GO são revelados pelos picos a 1741, 1257 e 1133 cm^{-1} correspondentes ao estiramento C=O, estiramento C-O e flexão C-O, respetivamente. Estes grupos funcionais de oxigénio são gerados durante o processo de oxidação da grafite pelo método de Hummer. O pico de absorção a 3402 cm^{-1} indica o estiramento O-H. Os espectros de absorção do nanocompósito polimérico apresentam picos semelhantes, o que indica que as nanopartículas de óxido misto estão bem incorporadas na matriz polimérica.

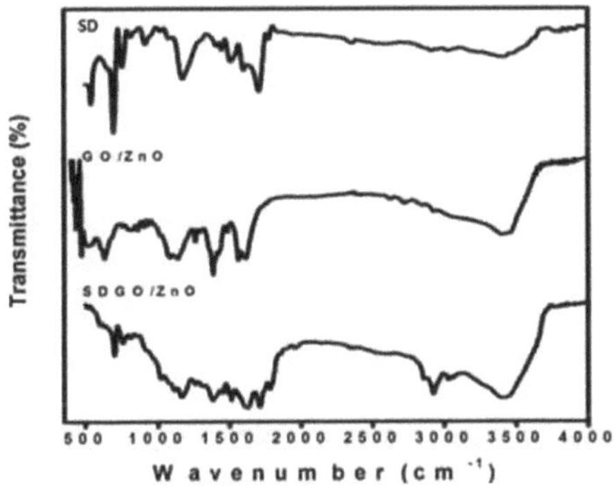

Figura 3.3: Espectro FT-IR do SD, GO/ZnO e SDGO/ZnO

3.3 ESPECTROSCOPIA RAMAN

A espetroscopia Raman é uma técnica poderosa e não destrutiva para obter as caraterísticas estruturais do grafeno e dos materiais com ele relacionados. A figura 3.4 representa os espectros Raman de GO/ZnO e SDGO/ZnO. O GO apresenta normalmente duas bandas, nomeadamente a banda G e a banda D, na gama de 1000-2000 cm^{-1} . A banda G é devida à grafite cristalina com o modo central da zona E2g e as bandas D induzidas pela desordem surgem do estiramento tangencial e do carbono hibridizado sp^3 . As bandas G e D encontram-se a 1287 e 1596 cm^{-1} respetivamente.[54] Os picos a 440, 565 e 1129 cm^{-1} são devidos às nanoestruturas de ZnO ancoradas na superfície GO.

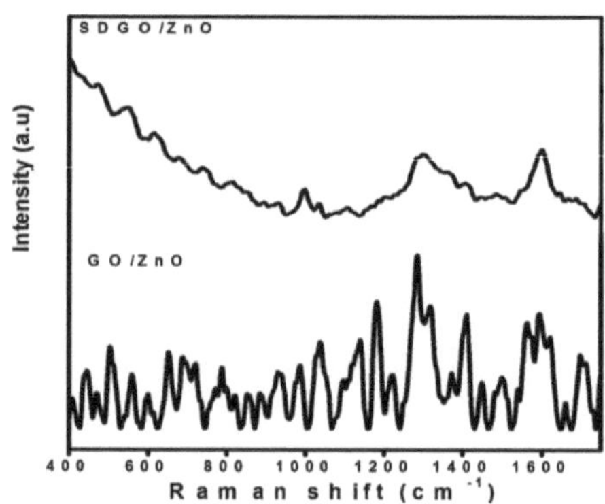

Figura 3.4: Espectros Raman de GO/ZnO e SDGO/ZnO

3.5 MICROSCOPIA ELECTRÓNICA DE VARRIMENTO

É utilizada uma técnica de microscopia eletrónica de varrimento para estudar a compatibilidade entre os vários componentes da nanopartícula, do nanocompósito e do nanocompósito de polímero e a sua morfologia através da deteção da separação de fases.

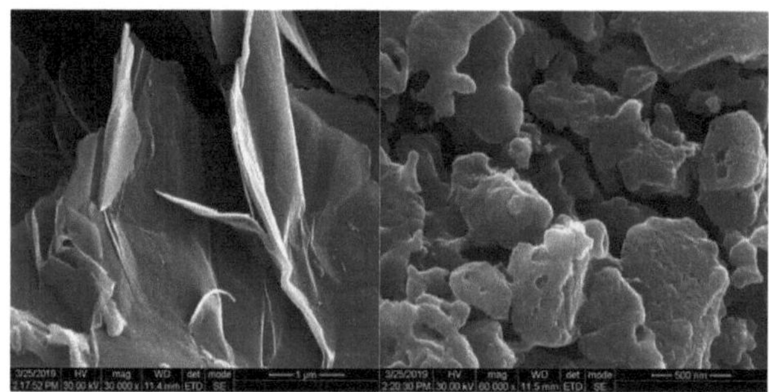

Figura 3.5: Imagem SEM do GO em ampliação inferior e superior.

A Figura 3.5 mostra as imagens SEM dos flocos e camadas de GO, revelando que têm uma forma ondulada e dobrada e que se encontram em camadas finas. A Figura 3.6 (a) indica que as nanopartículas de ZnO apresentam uma forma esférica com evidência de aglomeração das nanopartículas. A imagem SEM mostra a incorporação efectiva da nanopartícula GO/ZnO na matriz polimérica. O copolímero modificado tem uma superfície lisa com a adição de nanopartículas de óxido misto GO/ZnO na matriz polimérica (Figura 3.6(b)).

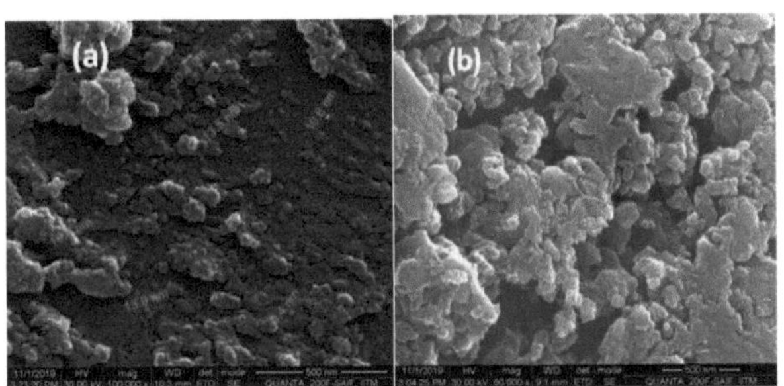

Figura 3.6: Imagem SEM de (a) GO/ZnO e (b) SDGO/ZnO

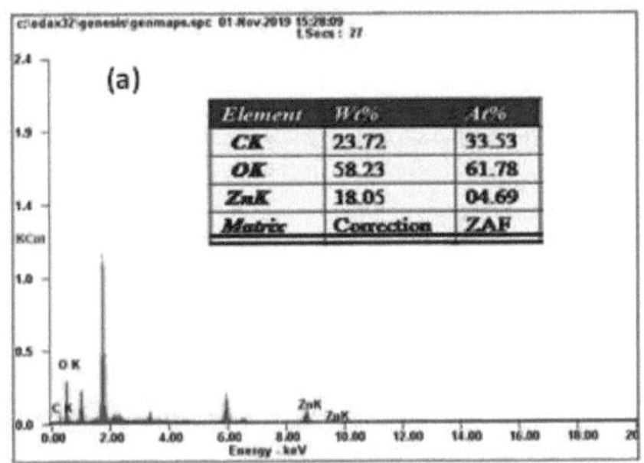

Element	Wt%	At%
CK	23.72	33.53
OK	58.23	61.78
ZnK	18.05	04.69
Matrix	Correction	ZAF

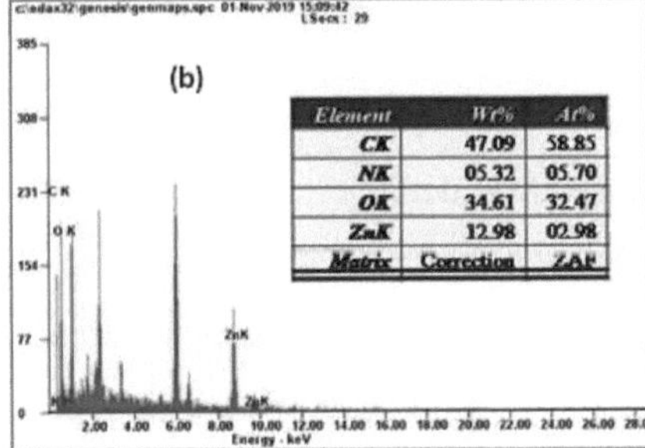

Element	Wt%	At%
CK	47.09	58.85
NK	05.32	05.70
OK	34.61	32.47
ZnK	12.98	02.98
Matrix	Correction	ZAF

Figura 3.7: EDAX de (a) GO/ZnO e (b) SDGO/ZnO

O mapeamento elementar revela que o carbono, o oxigénio e o zinco são os elementos constituintes do material nanocompósito. A distribuição homogénea das nanopartículas de ZnO pode ser reafirmada pela sua percentagem em peso de 18,05% (Figura 3.7(a)). O mapeamento elementar revela que o carbono, o azoto, o oxigénio e o zinco são elementos constituintes do material nanocompósito. A distribuição homogénea das nanopartículas de GO/ZnO na matriz polimérica pode ser confirmada pela sua percentagem em peso de 12,98% na matriz polimérica (Figura 3.7 (b)).

3.6 DIFRACÇÃO DE RAIOS X

O XRD mostra que a caraterização estrutural dos dados do nanocompósito de polímero foi confirmada a partir da Figura 3.8. Os picos de difração de GO/ZnO são observados a 35,74 °, 37,749 °, 48,060 ° e 53 °, o que corresponde aos planos de difração de GO/ZnO em (002), (011), (012) e (013).

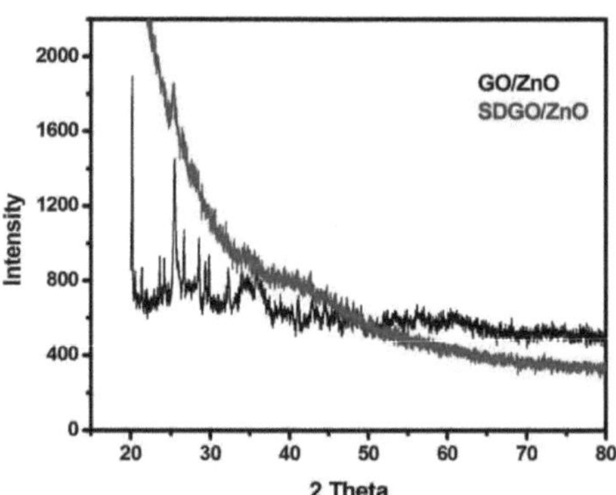

Figura 3.8: XRD de GO/ZnO e SDGO/ZnO O tamanho médio dos cristalitos foi calculado a partir da equação de Scherrer $D = k\lambda/\beta\cos\theta$, em que D = tamanho médio dos cristalitos λ = Comprimento de onda do feixe de raios X incidente (1,5406 Å) β = Largura total em meios máximos em radianos θ = Ângulo de difração de Bragg

O tamanho dos cristais do GO/ZnO foi de 36,66 e a tensão de rede de 0,0027, utilizando esta equação.

3.7 PROPRIEDADES ELECTROQUÍMICAS DE NANOCOMPÓSITOS DE ÓXIDO METÁLICO DE POLÍMERO E GRAFENO (SDGO/ZNO)

3.7.1 VOLTAMOGRAMA CÍCLICO (CV)

A Figura 3.9 mostra os voltamogramas cíclicos (CV) das amostras em KCl 0,5 M registados a 5, 10, 25, 50, 75 e 100 mV/s de velocidade de varrimento. A forma das curvas CV indica as caraterísticas capacitivas assimétricas do nanocompósito polimérico. O aumento linear da corrente com a taxa de varrimento indica o comportamento de capacitância melhorado do elétrodo SDGO/ZnO modificado.[55] As curvas CV confirmam que o SDGO/ZnO tem maior capacitância, maior condutividade eléctrica e maior capacidade de promover reacções de transferência de carga quando comparado com o SD.

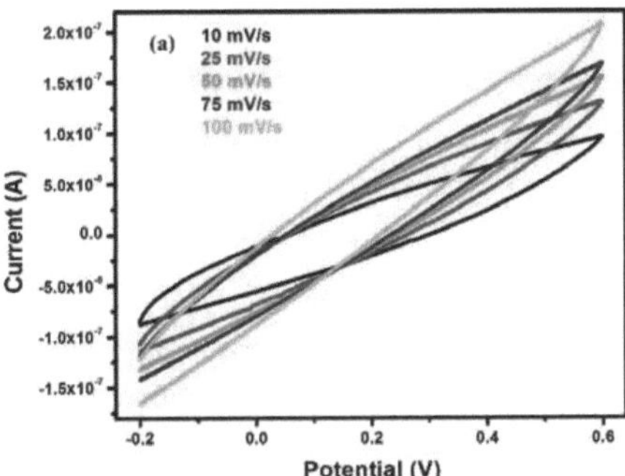

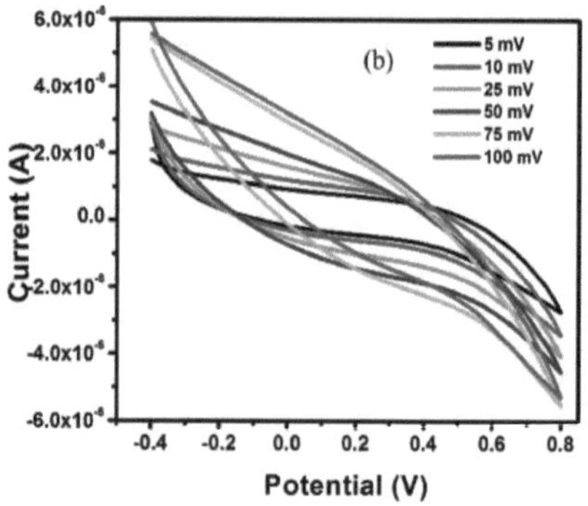

Figura 3.9: Voltamogramas cíclicos de a) SD e b) SDGO/ZnO

3.7.2 CRONOPOTENCIOMETRIA (CP)

As propriedades de carga-descarga do elétrodo composto SDGO/ZnO em KCl 0,5 M foram investigadas de -0,4 a 0,8 V a diferentes densidades de corrente e os resultados correspondentes são apresentados na Figura 3.10. Podem ser observadas caraterísticas lineares e simétricas para SD e SDGO/ZnO. Isto implica que os eléctrodos têm uma reversibilidade eletroquímica e um comportamento capacitivo notáveis. À medida que a densidade da corrente aumenta, os valores da capacitância diminuem.[56] Estes eléctrodos compostos comportam-se como um bom elétrodo condensador. Assim, este material funciona como um elétrodo ativo adequado para supercapacitores.

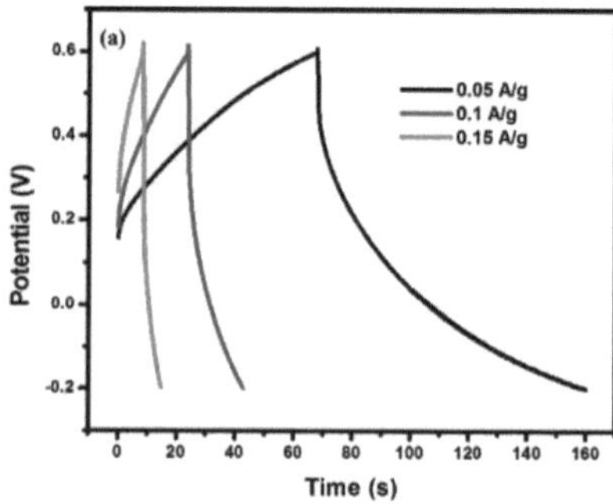

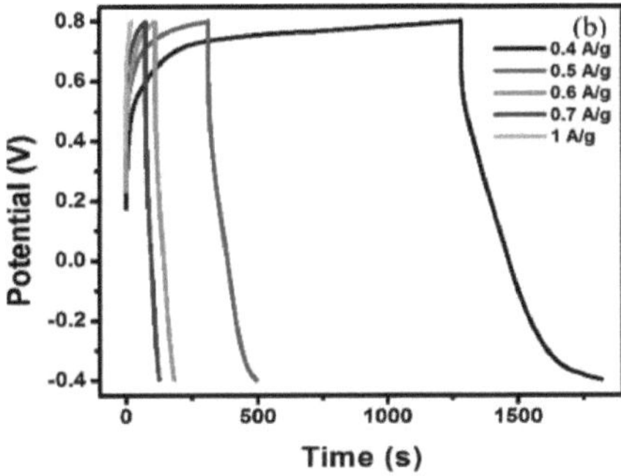

Figura 3.10: Cronopotenciometria de a) SD e (b) SDGO/ZnO

Comparando os valores Csp listados na Tabela 3.3, revela-se que o desempenho supercapacitivo do SDGO/ZnO preparado é superior ao do elétrodo de copolímero modificado puro. A incorporação de GO/ZnO na matriz polimérica é confirmada pelo aumento da capacidade de armazenamento de carga do SDGO/ZnO. A capacitância mais elevada do SDGO/ZnO é de 514 F/g a 4A/g e o SMA DDM tem um valor de capacitância de 46 F/g a 0,05 A/g.

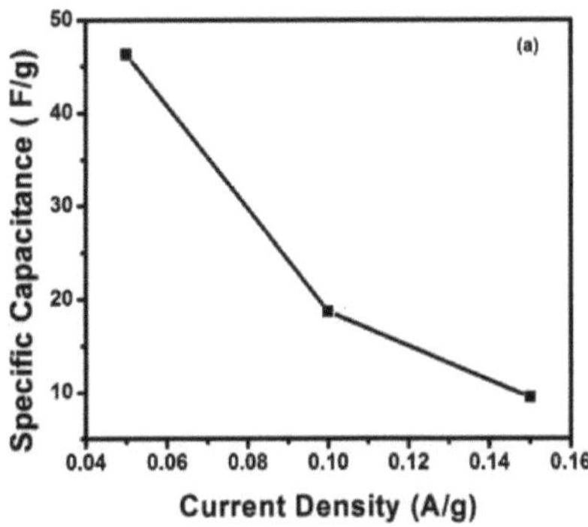

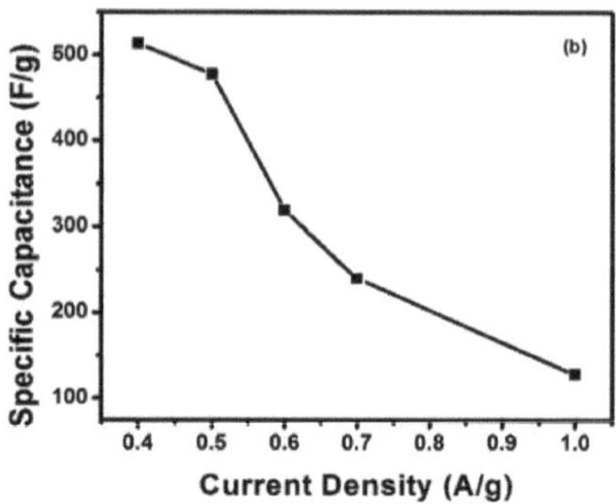

Figura 3.11: Capacitâncias específicas das amostras de (a) SD e (b) SDGO/ZnO

Tabela 3.2: Valores de capacitância específica de várias amostras

Código de amostra	Densidade atual (A/g)	Capacitância específica (F/g)
	0.05	46.3
SD	0.1	18.7
	0.15	12.4
	0.4	514
SDGO/ZnO	0.5	478
	0.6	319
	0.7	240
	1	127.5

Além disso, o nanocompósito de polímero (SDGO/ZnO) apresenta uma elevada densidade de energia de 94,89 Wh kg^{-1} a uma densidade de potência de 2094 Wkg^{-1} e 23,53Wh kg^{-1} a uma densidade de potência elevada de 4984,6 Wkg^{-1} (Fig. 3.11).

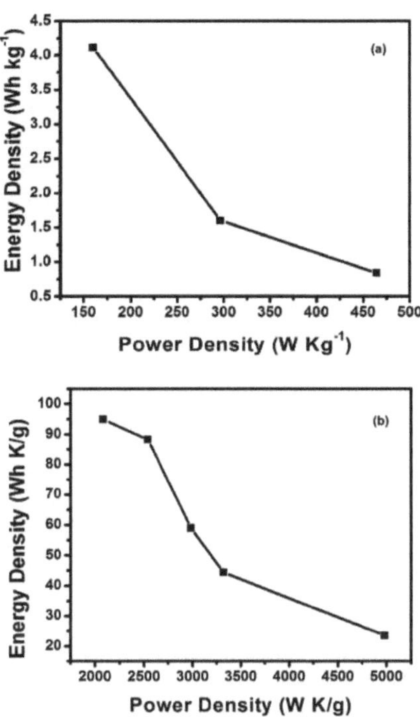

Figura 3.12: Gráficos de Ragone de (a) SD e (b) SDGO/ZnO

A estabilidade do SDGO/ZnO foi efectuada a 0,7 A/g para 1000 segmentos e mostra uma retenção de 75-76% e de capacitância, respetivamente, após 1000 segmentos, como se mostra na Figura 3.13

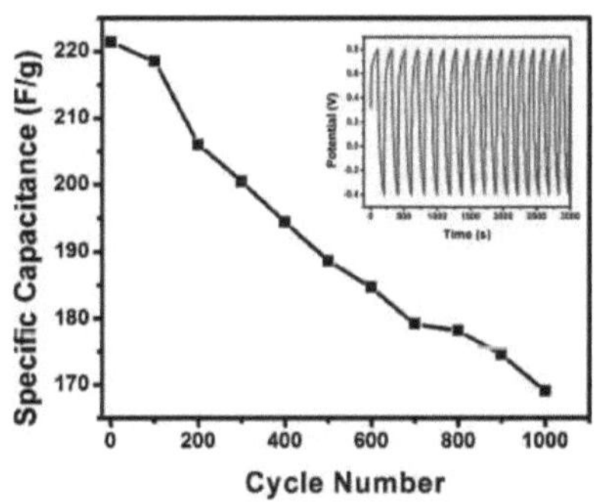

Figura 3.13: Capacitância específica em função do número de ciclos de

SDGO/ZnO

CAPÍTULO 4
RESUMO E CONCLUSÃO

4. RESUMO E CONCLUSÃO

O copolímero modificado foi sintetizado utilizando anidrido maleico de estireno e dimetil difenilmetano. O nanocompósito GO/ZnO foi bem incorporado na matriz modificada do copolímero SD. A análise estrutural, morfológica e composicional utilizando XRD, UV-vis, espetroscopia FITR, espetroscopia FT-RAMAN, HR-SEM e EDAX confirmaram a formação do nanocompósito polímero/óxido metálico. Foi observada uma capacitância específica de 514 F g^{-1} para o nanocompósito de polímero SDGO/ZnO a uma densidade de carga de 0,4 Ag^{-1}. Após 1000 ciclos de carga e descarga, o SDGO/ZnO apresenta uma estabilidade cíclica de 75-76%. A funcionalização aqui utilizada garante uma maior condutividade de um polímero que, de outro modo, seria pouco condutor. A análise eletroquímica sugeriu que o nanocompósito polimérico SDGO/ZnO funciona como aplicação de armazenamento de energia de alto desempenho. O presente estudo facilita principalmente a aplicação e a inclusão de novos materiais poliméricos que não foram explorados até agora para proporcionar sustentabilidade juntamente com boas aplicações electroquímicas no domínio do armazenamento de energia. Através da introdução da funcionalização de um polímero biocompatível, foi alcançada uma supercapacitância efectiva, mesmo com uma quantidade mínima de aditivos condutores.

Os aspectos futuros deste trabalho podem incluir a investigação do nanocompósito polimérico SDGO/ZnO no domínio da eletroquímica, como baterias, células solares, etc., e estudos biológicos e fotocatalíticos.

CAPÍTULO 5
REFERÊNCIAS

5. REFERÊNCIAS

(1) Tobolsky, A.; Eyring, H. Mechanical Properties of Polymeric Materials (Propriedades Mecânicas de Materiais Poliméricos). J. Chem. Phys. **1943**, 11 (3), 125-134.

(2) Lutkenhaus,J. Uma nova revista para a investigação de polímeros aplicados.ACSAppl.Polym.Mater.**2019**,1 (1), 1-2.

(3) Wilson, J. L.; Poddar, P.; Frey, N. A.; Srikanth, H.; Mohomed, K.; Harmon, J. P.; Kotha, S.; Wachsmuth, J. Síntese e propriedades magnéticas de nanocompósitos de polímeros com nanopartículas de ferro incorporadas. J. Appl. Phys. **2004**, 95 (3), 1439-1443.

(4) Díaz-García, M. E.; Fernández-González, A. Molecularly Imprinted Polymers. Encycl. Anal. Sci. Second Ed. **2004**, 804(1), 172-182.

(5) Luckachan, G. E.; Pillai, C. K. S. Biodegradable Polymers- A Review on Recent Trends and Emerging Perspectives (Polímeros Biodegradáveis - Uma Revisão das Tendências Recentes e Perspectivas Emergentes). J. Polym. Environ. **2011**, 19 (3), 637-676.

(6) Ouyang, J.; Chu, C. W.; Chen, F. C.; Xu, Q.; Yang, Y. Filme de Poli(3,4-Etilenodioxitiofeno):Poli(Sulfonato de Estireno) de Alta Condutividade e a sua Aplicação em Dispositivos Optoelectrónicos de Polímeros. Adv. Funct. Mater. **2005**, 15 (2), 203-208.

(7) Wang, Z.; Zhu, M.; Pei, Z.; Xue, Q.; Li, H.; Huang, Y.; Zhi, C. Polímeros para supercapacitores: Boosting the Development of the Flexible and Wearable Energy Storage (Impulsionando o Desenvolvimento do Armazenamento de Energia Flexível e Vestível). Mater. Sci. Eng. R Reports. **2020**, 139, 100520.

(8) Boholm, M.; Arvidsson, R. A Definition Framework for the Terms Nanomaterial and Nanoparticle (Um Quadro de Definição para os Termos Nanomaterial e Nanopartícula). Nanoethics. **2016**, 10 (1), 25-40.

(9) Khan, I.; Saeed, K.; Khan, I. Nanoparticles : Propriedades, Aplicações e Toxicidade. Arab.J. Chem. **2019**, 12 (7), 908-931.

(10) Química,N. Introdução: Química de nanopartículas. Chemical reviews. **2016**,116, 10343-10345.

(11) Soloviev, M. Journal of Nanobiotechnology. J. Nanobiotechnology. **2007**, 3, 3-5.

(12) Rebecca, L. J.; Dhanalakshmi, V.; Shekhar, C. Jornal de Pesquisa Química e Farmacêutica Artigo Atividade antibacteriana de Sargassum Ilicifolium e Kappaphycus Alvarezii J. superfícies e tecnologia de revestimento. **2012**, 4 (1), 700-705.

(13) Yumoto, A.; Hiroki, F.; Shiota, I.; Niwa, N. Síntese in situ de aluminetos de titânio em revestimento com PVD supersónico de jato livre utilizando nanopartículas de Ti e Al J. Nanoscience. **2003**, 170, 499-503.

(14) Kumar,A.; Yadav,N.; Bhatt,M.; Mishra,N.K.; Chaudhary,P.; Singh,R. Método Sol-Gel.J.nanoscience. **2013**, 62(12), 1248-1249.

(15) Bai, J.; Li, Y.; Yang, S.; Du, J.; Wang, S.; Zheng, J.; Wang, Y.; Yang, Q.; Chen, X.; Jing,X. Uma via simples e eficaz para a preparação de nanofibras de poli (álcool vinílico) (PVA) contendo nanopartículas de ouro pelo método de electrospinning J. nanobiotechnology. **2007**, 141, 292-295.

(16) Singh, J.; Dutta, T.; Kim, K. H.; Rawat, M.; Samddar, P.; Kumar, P. Síntese "verde" de metais e das suas nanopartículas de óxido: Applications for Environmental Remediation. J. Nanobiotecnologia. **2018**, 16(1), 1-24.

(17) Iravani, S. Síntese verde de nanopartículas metálicas utilizando plantas. J. Green chemistry.**2011**, 16(1), 13.

(18) Chakraborty, S., Farida, J. J., Simon, R., Kasthuri, S., & Mary, N. L. Averrhoe Carrambola Fruit Extract Assisted Green Synthesis of ZnO Nanoparticles for the Photodegradation of Congo Red Dye. Superfícies e Interfaces. **2020**, 19, 100488.

(19) Raveendran, P.; Fu, J.; Wallen, S. L.; Hill, C.; Carolina, N. Síntese completamente "verde" e estabilização de nanopartículas metálicas J. Am. Chem. Soc. **2003**, 125, 13940- 13941.

(20) Suriati,G. ; Mariatti, M. ; Azizan, A. Síntese de nanopartículas de prata pelo método de redução química: efeito do agente redutor e da concentração de surfactante. International J. Automotive and Mechanical Engineering. **2014**, 10, 1920-1927.

(21) Han, J. W.; Kim, J. Síntese verde de grafeno e seus efeitos citotóxicos em células de cancro da mama humano International J. nanomedicine. **2013**, 8, 1015-1027.

(22) Shirdar, M. R.; Farajpour, N.; Shahbazian-Yassar, R.; Shokuhfar, T. Nanocomposite Materials in Orthopedic Applications. Front. Chem. Sci. Eng. **2019**, 13 (1), 1-13.

(23) Vaia, R. A.; Maguire. Polymer Nanocomposites with Prescribed Morphology (Nanocompósitos de polímeros com morfologia prescrita): Indo além dos polímeros preenchidos com nanopartículas. J. F. Re V Iews. **2007**, 19(11), 2736-2751.

(24) Shirdar, M. R.; Farajpour, N.; Shahbazian-Yassar, R.; Shokuhfar, T. Nanocomposite Materials in Orthopedic Applications. Front. Chem. Sci. Eng. **2019**, 13 (1), 1-13.

(25) Benzait, Z. A Review of Recent Research on Materials Used in Polymer - Matrix Composites for Body Armor Application [Revisão da Investigação

Recente sobre Materiais Utilizados em Compósitos de Matriz Polimérica para Aplicação em Blindagem Corporal]. J. materiais nanocompostos. **2018**, 52(23), 3241-3263.

(26) Sahoo, B. P.; Tripathy, D. K. Properties and Applications of Polymer Nanocomposites: Nanocompósitos de polímeros à base de argila e carbono. Prop. Appl. Polym. Nanocompósitos de polímeros à base de carbono e argila. Nanocomposites. **2017**, 30, 1-222.

(27) Dörr, J. M.; Scheidelaar, S.; Koorengevel, M. C.; Dominguez, J. J.; Schäfer, M.; van Walree, C. A.; Killian, J. A. The Styrene-Maleic Acid Copolymer: Uma ferramenta versátil na investigação de membranas. Eur. Biophys. J. **2016**, 45 (1), 3-21.

(28) Engineering, B.; Andrei, P. Influência do peso molecular nos efeitos biológicos do copolímero de anidrido maleico modificado com benzocaína. J. bioactive and compatible polymers. **2006**, 21(5), 399-413.

(29) Cloete, W. J.; Verwey, L.; Klumperman, B. Permanently Antimicrobial Waterborne Coatings Based on the Dual Role of Modified Poly(Styrene-Co-Maleic Anhydride). Eur. Polym. J. **2013**, 49 (5), 1080-1088.

(30) Dhathathreyan, A.; Mary, N. L.; Radhakrishnan, G.; Collins, S. J. Langmuir and Langmuir-Blodgett Films of Schiff Base Modified Styrene-Maleic Anhydride Copolymers. Macromolecules. **1996**, 29 (5), 1827-1829.

(31) George, N., Subha, R., Thomas, A. R., & N.L., M. Absorção de dois fotões reforçada por plasmon em nanocompósitos de prata de anidrido maleico-estireno modificados. Nano- Estruturas e Nano-Objectos. **2017**, 11, 32-38.

(32) Al-sabagh, A. M.; El-din, M. R. N.; Morsi, R. E.; Elsabee, M. Z. Styrene-Maleic Anhydride Copolymer Esters as Flow Improvers of Waxy Crude Oil Journal of Petroleum Science and Engineering Ésteres de copolímero de

anidrido maleico-estireno como melhoradores de fluxo de petróleo bruto ceroso. J. Pet. Sci. Eng. **2009**, 65 (3-4), 139-146.

(33) George, N.; Thomas, A. R.; Subha, R.; Mary, N. L. Plasmon-Enhanced, Two- PhotonAbsorption in Schiff-Base-Modified Poly(Styrene-Co-Maleic Anhydride)-Gold Nanocomposites. J. Appl. Polym. Sci. **2017**, 134 (46), 1-7.

(34) Meulenkamp, E. A. Synthesis and Growth of ZnO Nanoparticles J. Phys. Chem. B. **1998**,5647 (98), 5566 - 5572.

(35) Chen, D.; Feng, H.; Li, J. Graphene Oxide: Preparação, Funcionalização e Aplicações Electroquímicas. Chem. Rev. **2012**, 112 (11), 6027-6053.

(36) Mkhoyan, K. A.; Contryman, A. W.; Silcox, J.; Stewart, D. A.; Eda, G.; Mattevi, C.; Miller, S.; Chhowalla, M. Atomic and Electronic Structure of Graphene-Oxide. Nano Lett. **2009**, 9 (3), 1058-1063.

(37) Johra, F. T.; Lee, J.; Jung, W. Journal of Industrial and Engineering Chemistry Preparação fácil e segura de grafeno numa plataforma baseada em soluções. J. Ind. Eng. Chem. **2014**, 20 (5), 2883-2887.

(38) Taylor, P.; Çiplak, Z.; Yildiz, N.; Çalimli, A. Investigação dos Parâmetros de Síntese de Nanocompósitos de Grafeno / Ag para Dois Métodos de Síntese Diferentes Investigação dos Parâmetros de Síntese de Grafeno/AgNanocompósitos para Dois Métodos de Síntese Diferentes J. fullerenes, nanotubes and carbon nano structures. **2015**, 23(4), 37-41.

(39) Mei, X.; Ouyang, J. Ultrasonication-Assisted Ultrafast redução de óxido de grafeno por ZincPowder em RoomTemperature. Carbono N. Y. **2011**, 49 (15), 5389-5397.

(40) Amin, M. Síntese de nanopartículas de ZnO assistida por sonoquímica: Um novo método direto Iranian J. química e engenharia química. **2011**, 30 (3), 75-81.

(41) Hong, R. Y.; Li, J. H.; Chen, L. L.; Liu, D. Q.; Li, H. Z.; Zheng, Y.; Ding, J. Síntese, Modi Fi Cation de Superfície e Propriedade Fotocatalítica de Nanopartículas de ZnO. Powder Technol. **2009**, 189 (3), 426-432.

(42) Jiang, J.; Pi, J.; Cai, J. O avanço das nanopartículas de óxido de zinco para aplicações biomédicas. J. Química Bioinorgânica e Aplicações. **2018,** 74, 1-18.

(43) Ghule, K.; Ghule, A. V.; Chen, B.; Ling, Y. Preparação e Caracterização de Papel Revestido com Nanopartículas de ZnO e Estudo da sua Atividade Antibacteriana J. green Chemistry. **2006**, 8, 1034-1041.

(44) Talam, S.; Karumuri, S. R.; Gunnam, N. Síntese, Caracterização e Propriedades Espectroscópicas de Nanopartículas de ZnO J. nanotecnologia. **2012**, 84, 6.

(45) Monge, M.; Kahn, M. L.; Maisonnat, A.; Chaudret, B. Room-Temperature Organometallic Synthesis of Soluble and Crystalline ZnO Nanoparticles of Controlled Size and Shape. Angew. Chemie - Int. Ed. **2003**, 42 (43), 5321-5324.

(46) Wang, Z. L. Esplêndidas nanoestruturas unidimensionais de óxido de zinco: uma nova família de nanomateriais para a nanotecnologia ACS nano. **2015**, 2 (10), 1987-1992.

(47) Ke,Q.; Wang, Graphene-based Materials for Supercapacitor Electrodes - A Review. ACSC. J. Mater. **2016,** 2(1), 37-54.

(48) Saranya, M.; Ramachandran, R.; Wang, F. Nanocompósito de grafeno e óxido de zinco (G-ZnO) para aplicações em supercapacitores electroquímicos. J. Sci. Adv. Mater. Devices. **2016,** 1(4), 454-460.

(49) Zhang, L. L.; Zhao, X. S. Carbon-Based Materials as Supercapacitor Electrodes. Revisão da sociedade química. **2009**, 38, 2520-2531.

(50) Chakraborty, S.; N.L, mary. Nanotubos de Carbono Reforçados com

Copolímero de Estireno Maleico e Hidreto Funcionalizado como Materiais de Elétrodo Avançados para Aplicações Eficientes de Armazenamento de Energia. Novo J. Chem. **2020,** 44, 4406-4416.

(51) Cao,N.; Zhang,Y. Estudo da Preparação de Óxido de Grafeno Reduzido pelo Método de Hummer e respectiva Caracterização. J. nanomaterials. **2015,** 38, 5.

(52) Jeong, J.; Byoun, Y.; Lee, Y. Conjugado de Poli (Estireno-Alt-Anidrido Maleico) - 4 -Aminofenol: Síntese e Atividade Antibacteriana. React. Funct. Polym. **2002,** 50, 257-263.

(53) Chakraborty, S.; M, A. R.; Mary, N. L. Biocompatible Supercapacitor Electrodes Using Green Synthesised ZnO/Polymer Nanocomposites for Efficient Energy Storage Applications. J.EnergyStorage. **2020,** 28, 101275.

(54) Rommozzi, E.; Zannotti, M.; Giovannetti, R.; Amato, C. A. D.; Ferraro, S.; Minicucci, M.; Gunnella,R.; Cicco,A.Di. Nanocompósito de óxido de grafeno reduzido /TiO2: De aplicações fotocatalíticas de luz. Catalyst. **2018,** 8, 589.

(55) Simon, R.; Chakraborty, S.; Konikkara, N.; Mary, N. L. Copolímero de anidrido maleico de poliestireno funcionalizado / nanocompósitos de ZnO para desempenho eletroquímico aprimorado. Sci. **2020,** 48945, 1-12.
(56) Chee, W. K.; Lim, H. N.; Huang, N. M. Propriedades eletroquímicas do supercapacitor flexível de polipirrol / óxido de grafeno / óxido de zinco em pé livre. **2014,** 39(1), 111-119.

Printed by Books on Demand GmbH, Norderstedt / Germany